乱乱的房间：统计物理学

[加拿大] 克里斯·费里　著/绘　　那彬　译

中国少年儿童新闻出版总社
中国少年儿童出版社
北　京

HERE COMES TROUBLE

作者简介

克里斯·费里，加拿大人，80后，毕业于加拿大名校滑铁卢大学，取得数学物理学博士学位，研究方向为量子物理专业。读书期间，克里斯就在滑铁卢大学纳米技术研究所工作，毕业后先后在美国新墨西哥大学、澳大利亚悉尼大学和悉尼科技大学任教。至今，克里斯已经发表多篇有影响力的权威学术论文，多次代表所在学校参加国际学术会议并发表演讲，是当前火热的量子物理学领域冉冉升起的学术新星。

同时，克里斯还是4个孩子的父亲，也是一名非常成功的少儿科普作家。2015年12月，一张Facebook（脸书）上的照片将克里斯·费里推向全球公众的视野。照片上，Facebook（脸书）创始人扎克伯格和妻子一起给刚出生没多久的女儿阅读克里斯·费里的一本物理绘本。这张照片共收获了全球上百万的赞，几万条留言和几万次的分享。这让克里斯·费里的书以及他自己都受到了前所未有的关注。

扎克伯格给女儿阅读的物理书，只是作者克里斯·费里的试水之作。2018年，克里斯·费里开始专门为中国小朋友做物理科普。他与中国少年儿童新闻出版总社全面合作，为中国小朋友创作一套学习物理知识的绘本“红袋鼠物理千千问”系列。同时，他还亲自录制配套讲解视频，帮助宝宝理解，方便亲子共读。

红袋鼠说：“好乱呀！我的房间怎么那么快就由整洁变凌乱了呢？克里斯博士，您知道这是为什么吗？”

克里斯博士说：“我知道！这属于**统计物理学**的范围，你只要数数就能明白了。”

红袋鼠说说：“数数？这我行！看我跳，1、2、3！”

克里斯博士说：“通过数数，你会了解**熵**的概念和**热力学第二定律。**这不仅能解释你的房间为什么那么乱，还能解释许多其他的事，比如：洒出去的水为什么收不回来，破掉的鸡蛋为什么不能恢复原来的样子，熟的食物为什么变不回生的。”

Dr. F

红袋鼠说："物理学能解释世界上的好多事呀，而且是很多复杂的事呢。我们从哪里开始讲呢？"

克里斯博士说："就从整洁的房间开始吧。任何一件东西离开它应该在的位置，房间就会不整洁了。想要房间变整洁只有一个办法，就是把所有的东西都放到它们本来应该在的地方去。"

“假设一个房间里只有这4件东西，如果其中1件东西离开原来的位置，比如落在地上，房间就会出现4种不整洁的样子。”

“如果其中2件东西一起离开原来的位置，落在地上，那会有6种不整洁的样子了。你能数得出来吗？”

“如果其中3件东西一起离开原来的位置，落在地上，就有4种不整洁的样子。如果4件东西都离开原来的位置，那就很容易数了。”

红袋鼠说：“如果所有的东西都离开原来的位置，就只有1种样子啦！”

克里斯博士说：“对！可真乱呀！”

4+6+4+1

克里斯博士说：“所以，整洁的房间只有 1 种样子，但凌乱的房间却有 4+6+4+1 种样子。”

红袋鼠说：“房间凌乱的样子太多了。怪不得妈妈总说我房间乱。我还是收拾一下吧。”

克里斯博士说：“在物理学中，‘**熵**’表示体系混乱的程度，我们也可以用它来描述房间的混乱程度。”

红袋鼠说:“我明白了。整洁的房间只有 1 种样子，那它的**熵**就低，而乱乱的房间有 15 种样子，它的**熵**就高。”

热力学第二定律

克里斯博士说："聪明！你现在就能理解**热力学第二定律**了。这个定律是说所有系统的**熵**都会增加。我们在这里把房间当作一个系统。所以，房间总是会从整洁变得凌乱。"

红袋鼠说：“这么说来，不论我怎么收拾房间，房间都会变乱。”

克里斯博士说：“这就是**统计物理学**在跟你作对呀！”

版权合作方：澳大利亚米酷传媒

图书在版编目（CIP）数据

乱乱的房间 ：统计物理学 /（加）克里斯·费里著绘 ；那彬译. — 北京 ：中国少年儿童出版社，2018.4
（红袋鼠物理千千问）
ISBN 978-7-5148-4506-8

Ⅰ. ①乱… Ⅱ. ①克… ②那… Ⅲ. ①统计物理学－儿童读物 Ⅳ. ①O414.2-49

中国版本图书馆CIP数据核字(2018)第017312号

HONGDAISHU WULI QIANQIANWEN
LUANLUAN DE FANGJIAN TONGJI WULIXUE

出版发行：
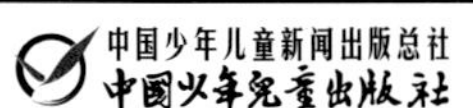
中国少年儿童新闻出版总社
中国少年儿童出版社

出 版 人：李学谦
执行出版人：张晓楠

策　　划：张　楠　　　　审　　读：林　栋　聂　冰
责任编辑：薛晓哲　徐懿如　　封面设计：马　欣　姜　楠
美术编辑：姜　楠　　　　美术助理：杨　璇
责任印务：任钦丽　　　　责任校对：华　清

社　　址：北京市朝阳区建国门外大街丙12号　邮政编码：100022
总 编 室：010-57526071　　传　　真：010-57526075
发 行 部：010-59344289
网　　址：www.ccppg.cn　　电子邮箱：zbs@ccppg.com.cn

印　　刷：北京尚唐印刷包装有限公司

开本：787mm×1092mm　1/20　　印张：1.8
2018年4月北京第1版　　2018年4月北京第1次印刷
字数：20千字　　印数：15000册

ISBN 978-7-5148-4506-8　　定价：25.00元

图书若有印装问题，请随时向本社印务部（010-57526183）退换。